"十四五"职业教育部委级规划教材

服装面料再造：
折叠设计与创新

黄 平 唐 鑫 龚剑超 著

中国纺织出版社有限公司

内 容 提 要

本书以面料造型的艺术形式为切入点，分析面料折叠表现的形式美、造型美、色彩美、材质美等，进而探索面料折叠的工艺手法，包括折纸艺术造型、仿生动植物折叠造型、直线曲线折叠造型、抽褶叠布造型、立体裁剪造型等，深入研究面料折叠手法在服装中的实际应用。

本书为"十四五"职业教育部委级规划教材，既可以作为高等职业院校纺织服装设计专业的学生用书，也可供广大时装设计师、时装艺术爱好者和其他相关从业者阅读参考。

图书在版编目（CIP）数据

服装面料再造：折叠设计与创新／黄平，唐鑫，龚剑超著 . -- 北京：中国纺织出版社有限公司，2022.6
（2024.10 重印）
"十四五"职业教育部委级规划教材
ISBN 978-7-5180-9428-8

Ⅰ.①服… Ⅱ.①黄… ②唐… ③龚… Ⅲ.①服装面料—设计—高等职业教育—教材 Ⅳ.① TS941.4

中国版本图书馆 CIP 数据核字（2022）第 049754 号

责任编辑：宗 静 责任校对：王蕙莹 责任印制：王艳丽

中国纺织出版社有限公司出版发行
地址：北京市朝阳区百子湾东里 A407 号楼 邮政编码：100124
销售电话：010—67004422 传真：010—87155801
http://www.c-textilep.com
中国纺织出版社天猫旗舰店
官方微博 http://weibo.com/2119887771
北京通天印刷有限责任公司印刷 各地新华书店经销
2022 年 6 月第 1 版 2024 年 10 月第 2 次印刷
开本：787×1092 1/16 印张：6.5
字数：150 千字 定价：58.00 元

前言
preface

　　"创意服装设计"是基于人们对服装新款式的渴望而产生的。这种渴望促使时装不断变化。没有变化就没有时装。在大千世界、芸芸众生之中，每个人都有不同的风格，每个人都希望不同于其他人，所以标新立异在设计创新中显得尤为重要，只有千变万化才有市场。不断变化和标新立异都是在创造性思维前提下产生的，那么创造性思维的培养自然成为时装设计的重要课题。

　　本书根据面料的折、叠、缠绕、插、拼、卷、包裹、披挂等手法的充分运用，为服装的立体创意造型提供了崭新的设计思路，更大程度上拓展了创造性思维的培养。面料折叠设计与应用使面料原本的平面形态有所改变，表现出丰富的雕塑感与构成性，使二维平面形态转化成三维立体形态，结合服装面料的可塑性特征，增强了服装造型的立体空间感，表现出服装的材料美、工艺美和造型美。

　　本书以任务形式展开：通过理论联系实际，让学生掌握不同项目间的紧密联系，同时参与其中各个项目单元的实操练习。通过表现作品呈现的各种形式，最终在项目课程中得以综合体现。

　　本书以面料造型的艺术形式为切入点，分析面料折叠表现的形式美、造型美、色彩美、材质美等，进而探索面料折叠的工艺手法，对其做了细致、深入的剖析。在面料折叠工艺手法的应用实例中，通过对面料折叠造型在中、西式服装中的应用，深入分析面料折叠造型在服装的局部和整体款式上的设计，再到服装中设计运用实例这一研究线路。

　　书中以面料折叠方式为出发点，进而研究各类面料折叠造型元素、各类折叠手法和折叠方式在服装中的应用。面料折叠造型在服装中的设计运用实例是本书的重点，书中围绕大量的服装设计作品应用实例进行深入分析，力图完整和系统地展现面料的折叠方式。这也正是作者在本书中力求体现的特色。

　　本书面向已具备时装设计基本知识的时装学院设计专业学生、时装设计师、时装艺术爱好者和其他相关从业者。

黄平

2021 年 10 月

目录
CONTENTS

项目一

面料折叠的艺术形式及工艺手法

　　服装设计师进行创意服装设计时，必须掌握系列服装创意拓展的各个方面，首先是创意思维和创意设计理念的建立，以及掌握创意设计的构思来源，主要包括自然元素、社会元素、科技元素、艺术元素、民族元素、材料元素等。本项目主要从服装结构与工艺元素采集入手进行创意服装设计。

任务 1 面料折叠的艺术形式

1.1 面料折叠的概念

在服装设计中经常采用一种面料折叠的方法，这种通过面料重塑的立体造型方法称为折叠法。面料的折叠可以产生各种形态各异、变化多样的褶的形状，从而打破面料本身单调的感觉，使面料产生丰富的变化。"折"一般是通过翻转产生的形状，"叠"的意思是放在某物或某块面料上。同时，"折"也决定了面料褶的长度、形状、位置，以及产生不同的支撑力和方向。点的形状、大小也会直接影响面料"叠加"所产生的艺术效果。通过面料折叠产生的艺术效果是各种各样的。

根据设计作品的实际需要，可以通过面料的不同质地进行折叠变形设计。面料在经过巧妙的局部或多次折叠后，体现出设计师最终想要的设计效果。设计中"褶皱"的形成往往是面料折叠翻转后形成的最基本的折叠形式。所以折叠形状的形成是根据设计最初的实际需要来决定的。

根据纺织面料的特性，可以选择棉、麻等纤维制成的各种家纺产品。这些面料具有可塑造性、质地柔软及自然的亲和力等特性。设计师可以采用丰富的面料折叠语言，创作出形式感强、立体雕塑特性的产品形状，赋予服装更多的文化内涵及人文精神，给人强烈的愉悦感。

采用折叠技术对不同质地的面料进行折叠，会塑造出各种形态的服装。根据面料的特性各不相同，可以使用较硬挺的面料，如人造 PU、麻质面料等，或采用粘贴黏合衬等工艺手段使面料硬挺，或采用特殊工艺手段处理使面料增强塑形性、易折叠。同时，由于各种折叠手法的不同，可使设计出来的折叠造型富有创意。

1.2　面料折叠的特征

面料折叠借鉴了折纸艺术。折纸又称工艺折纸，是纸艺的一部分。折叠是折纸艺术经常采用的手法，而折纸艺术也是时装设计师常运用的姐妹艺术。

由于用折纸方法制作作品容易操作，这就使它与服装的结合产生新的艺术效果成为可能。它的三维立体空间感为服装设计添加了新的创意，它的审美及文化内涵也赋予了服装特殊的意义。

经过设计灵感的激发及服装实际制作过程中的研究发现，折纸活动都是易于操作的，它在时装设计中的运用也是现实可行的。折叠手法往往是采用直线折叠和少量的曲线折叠相结合进行的。参照折纸作品，可以通过精确的计算和整体规划，将折叠手法充分运用到服装设计中。

现代折纸艺术作为服装设计元素之一，在服装设计中的应用具有多种形式：或以一种独特新颖的服装结构形式出现，或不断深入设计细节作为点睛之笔，也可以是多个独立的结构相结合形成一种新的时装，还可以把面料进行无序和有序的随机摆放折叠……随着设计意念的进一步深入，面料也实现从二维到三维空间效果的飞跃。这种折叠设计方法，无论是有规律的手风琴折叠还是交错的堆叠方法，都会将简单的平面服装向三维立体方向发展，显得生动别致；反复折叠的细节也给人一种优雅简洁、特别享受的视觉审美效果。

折纸作品看似与时尚无关，但实际上已经潜移默化地成为时尚需要。在西方服装设计史中，设计师也早已将它作为一个设计元素，运用到各种类型的服装设计中。如何把两者有机结合起来，而不是简单地生搬硬套才是服装设计的重点。

以花球折纸作品为例：花球折纸作品有多种形式，色彩丰富，但每一款花球都采用一种单独折叠元素，是发散式重复排列运用，并且按一定规则排列组合而成，产生丰富多样的艺术效果。以花瓣折纸为例：因为花瓣属于单体，单体折纸经过简单折叠就可以折叠出如桃花等美丽的花朵，而用单张纸折叠形式多样的花瓣，复杂程度比较大。以折纸捧花为例：使用时需采用不同颜色的纸折成花束，外观比较丰富。自然界植物类花草树木可折叠的种类繁多，如百合花、向日葵等，都是值得一试的折纸素材。仿生设计中的一款仿企鹅折纸装，就是参考折纸企鹅作品，模仿折纸企鹅的造型及色彩而成的（图 1-1）。

图1-1 仿企鹅折纸装

1.3 面料折叠表现的形式美

面料立体折叠方式是服装设计师在面料折叠后进行局部细节处理的方法。面料立体折叠方式的运用，使被折叠的面料由于不同的工艺手段而产生了各种褶皱、凸面和立体造型。

在面料立体折叠过程中，可以模仿流水山石的造型，也可以模仿花朵造型（图1-2）。在服装设计中，折叠立体面料花的造型结构更加简洁抽象，经过折叠提炼后，能在最大程度上保留花朵原有的造型美感（图1-3）。

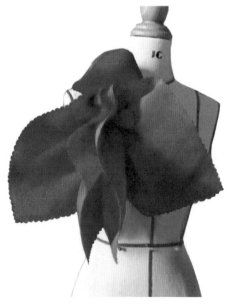

图1-2 折叠面料花（1）

图1-3 折叠面料花（2）

在酒店餐厅餐桌上用餐桌布折叠瓜果、花鸟等仿生动植物，能够表现酒店的餐饮文化（图1-4、图1-5）。

图1-4　餐桌布折叠成仿生动植物（1）

图1-5　餐桌布折叠成仿生动植物（2）

1.4　面料折叠表现的造型美

在面料折叠设计中，选用蝴蝶、花卉等可以作为仿生设计的重要形式进行拓展，根据仿生动植物的比例大小、面料的不同肌理效果，在折叠中体现不同的层次感、节奏感，结合服装本身的廓型，如X型、郁金香型，进行再设计、再创造，可以充分体现设计作品的艺术美感和韵味。

例如，设计师品牌Calcaterra的面料折叠造型设计选用具有代表性的仿生花卉折叠的设计形式，体现创意服装设计在面料折叠表现中的造型美（图1-6~图1-12）。

图1-6所示为一件长款礼服，采用宝塔造型，裙型从前胸部位层层相叠，上

两层较短，但有节奏感；三、四层宽度完全拉开，在行动中产生较大的波浪状动感，与明亮的青柠檬色相得益彰，表现出长款礼服的造型美。

　　图1-7所示为在服装造型设计中采用大石榴花型的A字型裙型设计，色泽明亮的面料，运用折叠形式体现造型美。

图1-6　Calcaterra服装折叠造型设计（1）　　　图1-7　Calcaterra服装折叠造型设计（2）

　　图1-8所示为一款以左肩折叠为主的面料曲线折叠造型设计。左右肩采用不对称的设计风格，服装款式独特、色泽华丽，是一款较为独特的仿生植物折叠设计服装。

　　图1-9所示为一款小短裙折叠成小A字造型，腰间折叠一个蝴蝶结，腰下采用多层折叠的方式，胯下两侧左右对称。丝质面料柔美具有动感，体现了青春活泼的风格。

　　图1-10所示为一款古典性感的造型设计服装，其前胸根据造型采用的小折叠方式与腰部以下五边形的大折叠相呼应。

　　图1-11所示为一款采用单色单层仿生折叠设计的服装。

　　图1-12所示为一款多层折叠设计，采用点、线、面、体结合的设计方式，

图 1-8　Calcaterra 服装折叠造型设计（3）

图 1-9　Calcaterra 服装折叠造型设计（4）

图 1-10　Calcaterra 服装折叠造型设计（5）

图 1-11　Calcaterra 服装折叠造型设计（6）

点为面料中的点，线为各层裙摆的曲线，面为黑白灰间隔产生的面，体为最终的整体造型。

1.5　面料折叠表现的色彩美

服装面料的色彩往往使人对服装产生第一感觉，如面料的颜色是暖色调还是冷色调。在服装面料色彩的同一主题中，面料色彩的深浅或明暗的变化会使服装显得愉快舒适。设计师通过面料折叠可以使其产生凹凸有致的褶皱，这些褶皱因为不同的方向和角度，最终在视觉上产生光亮和暗影相间的特殊效果。同时，面料褶皱随着服装造型结构设计的不断变化或重组，不同颜色的面料褶皱排列巧妙，使服装面料在保持主要色彩效果的同时产生新的色彩感受和气氛。当面料折叠时，同一颜色的面料表面受到光照，也会产生一些微弱的色彩变化。例如，枣红色礼服面料在光照下显示出迷人的光泽变化（图1-13）。

色彩较亮的面料大量或单色运用在服装整体造型中会让服装颜色显得跳跃明朗。在设计中如果恰当地运用折叠技法，会让面料产生立体的高明度亮色变化。采用高明度的中黄色绒布面料（图1-14）或高明度玫红色绒布面料（图1-15），在不同的光线照

图1-12　Calcaterra服装折叠造型设计（7）

图1-13　枣红色面料

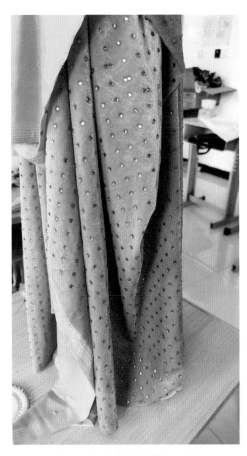

图 1-14 高明度中黄色面料

图 1-15 高明度玫红色面料

射下都会产生明朗跳跃的色泽变化，从而使气氛变得更加轻松而富有动感，也使服装整体造型中的装饰感更加强烈，这是服装设计师经常采用的设计方式之一。

色彩较深的面料大量运用在服装整体造型中，会让服装显得比较压抑。而恰当地运用折叠技法，会让面料产生立体的明度变化，从而使压抑变得轻松而富有动感（图 1-16）。与此同时，服装造型设计的蓬松感产生活跃的气氛，从而加强服装整体造型中的装饰感。服装品牌 Carolina Herrera 的黑色裙装，面料折叠造型设计款式简洁大气，左右不对称，左肩有大蝴蝶结，黑色面料因为折叠而显得立体而不压抑，产生动感的效果（图 1-17）。Carolina Herrera 的黑色裙装设计，面料折叠造型整体呈倒锥型，折叠主要表现在左右及前后肩头，款式简洁，面料黑色但不压抑，体现了科技感（图 1-18）。Carolina Herrera 的深红色短裙装，折叠体现在后背，同样呈现出活跃的气氛（图 1-19）。

图 1-16　深色面料折叠的立体效果

图 1-17　Carolina Herrera
黑色裙装（1）

色彩浅淡的面料肌理比较明显，膨胀感较好，会让人产生自然质朴的视觉美感。将面料折叠技法运用在服装设计中，能减弱视觉疲劳和冲突感（图 1-20）。

巧妙地将服装面料的折叠语言应用到服装造型设计中，能使服装整体性加强，使服装协调统一。面料的折叠会在不同角度改变光线的反射，从而轻微改变服装面料的色调。

图 1-18　Carolina
Herrera 黑色裙装（2）

图 1-19　Carolina
Herrera 深红色短裙装

在服装设计中，将明亮的颜色进行约束可不至于过分张扬，暗淡的颜色由于折叠光线而变得活泼生动。同时，面料折叠的不同角度变化也使服装色彩产生不同深浅和明暗的变化。

图 1-21 所示是通过立体裁剪的方法，用银灰色的薄绸面料折叠而成的设计

作品，短礼服在光线的照射下，色彩轻微变化，色调更加迷人，造型感强。

图 1-20　浅色面料的立体折叠　　　　图 1-21　面料折叠小礼服（正面、侧面）

1.6　面料折叠表现的材质美

服装面料的选用直接影响服装成型后的最终效果，所以它作为服装设计的要素之一，在服装设计中起到关键作用。

面料的整体特性各不相同，不同材质的面料在立体折叠过程中会呈现不同效果。通过分析各类面料的成型原因，就能了解各类面料在折叠后产生的不同立体强度。通过掌握面料在立体折叠过程中形态的表达特征，就能掌握面料在立体折叠过程中的视觉效果，从而根据不同面料灵活选用不同的折叠技法。

化学纤维面料是服装中运用较广的面料，面料柔软适中，立体折叠硬度一般，但持久性强，具有较好的稳定性和耐皱性。化学纤维面料也是一种光泽感强的面料，可以通过折痕体现光的折射反应，从而产生强烈的空间感，非常利于立体折叠的空间塑造。所以化纤面料既适合小面积的局部立体折叠手法运用，也适合大面积的局部折叠手法运用。

棉质面料在服装设计中应用最为广泛，具有较强的成型特征，吸湿性及耐热性都较强。选用棉质薄型面料进行立体折叠时，按照设计图可以折叠出服装要求的成型效果。并且棉质面料折痕明显，相应的立体感强，面料成型时间较长，立体折叠效果好。

图 1-22 所示是一款优质细软棉质面料的折叠作品，在脖颈部位折叠成一个大蝴蝶结包裹前胸部位，与前胸一个垂挂的精细小吊坠形成强烈的动静和大小对比，立体折叠效果凸显。这是一个仿生设计造型，很有设计感。

在使用较厚面料进行大面积立体折叠手法进行作品设计时，不利于折叠出好的设计造型。这是由于面料较厚、回弹力小，不容易控制层数而形成面料堆砌，最终影响服装整体立体折叠效果。

图 1-22　棉质面料的折叠作品

选用轻盈薄透的丝绸及纱织面料搭配非常适合营造服装的艺术美感，设计师在设计时除了可以对现有面料进行立体折叠外，还可以对这类面料进行设计改造，从而达到二次设计的目的。如根据需要通过对纱织面料反面贴黏合衬，从而增强纱织面料的硬挺度。如在日本著名的设计大师三宅一生的设计作品中，在两层纱织面料中加入薄棉，折叠后涂上丙烯涂层，以此塑造纱织面料的立体感，用这种工艺手段能使被塑造的纱织面料永久地保持立体折叠形态，从而增强服装的空间感和廓型感。

图 1-23 所示是一款秋冬服装设计，选用纱织面料，设计体现在上身部位的细密褶，与下身搭配骑士裤相呼应。设计师运用宫廷服饰元素塑造现代女性形象，属于中性的洛可可风格设计。

图 1-23　秋冬服装设计

图 1-24 所示是一款蓬松易折叠的纱织面料的礼服裙，褶皱使礼服造型特别夸张，富有体积感。上身细腻膨大的纱织折叠造型使礼服的大折叠造型产生节奏美感，增加了创意氛围。

图 1-24　纱织礼服裙

图 1-25 所示设计作品头部类似大披肩的材料选用轻盈薄透的丝绸绡的纯白色纱织面料，立式造型，具有特别的艺术美感。图 1-26 所示设计作品在前胸部位用纱织面料进行立体折叠形成一个大的蝴蝶结。图 1-27 所示设计作品裙腰部分采用折叠效果与腰部设计形成松紧对比，头部纱织面料采用白色绡材料，工艺细腻。图 1-28 所示设计作品裙摆较长，细腻华美，类似公主裙摆，胸部位置纱织面料层层相叠，体现了折叠之美。

图 1-25　纱织折叠礼服裙（1）

图 1-26　纱织折叠礼服裙（2）

图 1-27　纱织折叠礼服裙（3）

图 1-28　纱织折叠礼服裙（4）

　　图 1-29 所示是服装品牌 Mohapatra 纱织面料折叠的礼服设计。腰部以下至裙摆都是直线折叠的方式，色彩采用柠檬黄色，较为通透，面料材质可塑性强，造型的美感较好，与前胸不对称的黑色绸缎外形形成鲜明对比。胸部面料折叠效果较为明显，外形可随人体扭动而自然成形，与下身黄色折叠裙的规则感形成对比。

图 1-29　Mohapatra 纱织面料折叠造型设计

🧠 思考与任务

1. 怎样表现折叠作品的色彩美？
2. 运用单层面料折叠设计服装作品两款，展示色彩美。
3. 运用多层面料折叠设计服装作品两款，展示色彩美。
4. 如何利用化纤、棉质、丝绸面料折叠作品表现材质美？
5. 利用化纤、棉质、丝绸面料折叠仿生成衣作品各两款。

任务 2　面料折叠的工艺手法

2.1　折纸艺术造型

折纸又称工艺折纸，是纸艺的一部分。折叠是折纸艺术经常采用的手法，而折纸艺术也是时装设计师常运用的姐妹艺术。

从国内对面料折叠设计的研究来看，国内设计师对面料折叠形态的研究主要集中在对东方折纸艺术的研究，如对面料褶裥形态的研究。纸张与面料具备相同属性，因而服装面料可借鉴折纸艺术折叠的方法及特点，即折纸艺术能为服装设计的立体造型提供源源不断的灵感。

"一生褶"是大众对设计师品牌三宅一生最直接的印象（图 2-1）。三宅一生多年来对褶皱情有独钟，不断进行其素材的实验与开发。各式各样的折纸作品是三宅一生工作室的试制品（图 2-2）。

图 2-1　三宅一生与他的"一生褶"

图 2-2　三宅一生的折纸作品

早在 20 世纪 80 年代初，三宅一生就以"一生褶"（Pleats Please）为主题推出系列时装，以此跻身于巴黎时装舞台。1992 年前后，他推出了褶皱系列时装（图 2-3）。这个系列的时装最出彩的是可以将它随意一卷之后再打开，依然平整如故（图 2-4）。就此，褶皱也一举成为品牌标志性的经典元素。

图 2-3　三宅一生的褶皱时装　　　　　图 2-4　三宅一生的褶皱材料

以叶子、花瓣、星星等折纸为例，这些单体折纸经过简单折叠，就可以折叠出如枫叶、一叶穿云、满天星、大鹏展翅、玫瑰花、水母、齿轮花、小花、百合花、康乃馨、配色花等美丽个体（图 2-5 ~ 图 2-15）。

图 2-16 所示是各种不同大小、不同色彩的折叠蝴蝶造型，突出蝴蝶翩翩起舞、生动自然的状态，适合作为设计元素搭配在不同的礼服或裙装中。

图 2-5　枫叶　　　　　　　　　　　图 2-6　一叶穿云

图 2-7　满天星

图 2-8　大鹏展翅

图 2-9　玫瑰花

图 2-10　水母

图 2-11　齿轮花

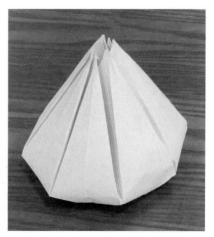

图 2-12　小花

图 2-13　百合花

图 2-14　康乃馨

图 2-15　配色花

图 2-16　蝴蝶造型

　　图 2-17 所示是两种枫叶造型，左图是纯白色的、对称的枫叶折叠方法；右图采用隔色的折叠枫叶造型。

　　图 2-18 所示是多种色彩搭配的蝴蝶造型。

　　图 2-19 所示是两个不同的草莓造型。

　　图 2-20 所示是采用土黄色包装卡纸、通过折叠方式制作的礼品盒，可以把中国传统书法等文字标注在礼盒上，更显气氛。

图 2-17　枫叶造型

图 2-18　一对蝴蝶造型

图 2-19　草莓造型

图 2-20　折纸礼盒

图 2-21 所示是一款仿陶瓷造型的产品设计，将硬纸板切割成不同大小、不同弧度的纸板，再将纸板依次黏合而成。

图 2-22 所示是用硬纸板折叠成百合花造型和绣球造型。

图 2-21　仿陶瓷造型产品设计

图 2-22　纸叠百合花和绣球造型

图 2-23 所示是不同的纸张折叠造型，将硬挺的纸经过立体构成的方式进行折叠，使平面产生凹凸感或雕塑感，类似建筑物。

图 2-24 所示是一个折叠信封文创产品。在信封上折叠一片立体造型的叶子。

图 2-25 所示是一款折纸服装，上身部分较为紧身贴体，下身部分使用波浪形的折叠。

图 2-26 所示是一款折纸服装，裙体部分采用球型立体造型。

图 2-23 纸张折叠造型   图 2-24 折叠叶子信封

 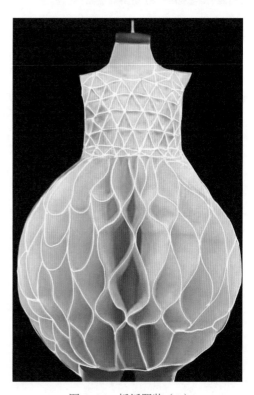

图 2-25 折纸服装（1）   图 2-26 折纸服装（2）

图 2-27、图 2-28 所示为正反面折纸人物，用 A4 纸根据机器人的造型进行折叠拓展，其中连接部分按照纸的整体脉络进行折叠，头、颈、躯干、四肢盔甲部分根据需要折叠后粘贴，其他局部连接部分可用胶水黏合。

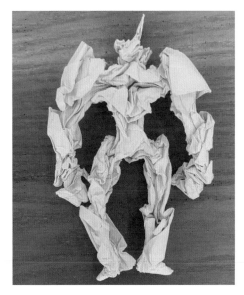 

图 2-27　折纸机器人（正面）　　　　图 2-28　折纸机器人（反面）

图 2-29 所示是以红色闪光包装纸为材料折叠的一款 A 字型裙子。腰部以上

图 2-29　折纸 A 字裙装

为红色大蝴蝶造型，较为喜庆。左腰和裙下摆各装饰蓝色的扇形装饰。冷暖对比，生动自然。

图 2-30 所示是以红色闪光包装纸为材料折叠的一款 A 字型裙。腰部以上以直线折叠为主，上下两层，上层红色设计成一片红叶状，下衬蓝色裙摆，右裙摆以直线型折叠为主。

图 2-31 所示为一款折叠枣红色礼服裙，中间收腰，裙摆展开。

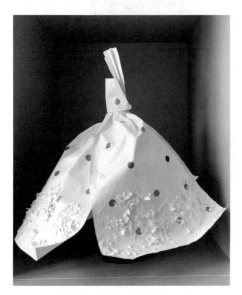 

图 2-30　折纸礼服　　　　　　　　　图 2-31　折叠枣红色礼服裙

图 2-32 所示为一款双层折叠裙，中间收腰，主色为红色，辅色为蓝色，腰间蓝色装饰花朵层层相叠。

图 2-33 所示为一款双层折叠裙，主色为钻蓝色，辅色为黑色。

图 2-34 所示是一款多层折叠礼服裙，采用紫色多层折叠造型，裙身点缀粉色满天星，腰间有扇形小折叠，前胸有粉色大折叠的不对称装饰。

图 2-35 所示是一款多层折叠礼服裙，腰间以三个不同方向的扇状装饰为主，裙身为多层暖色装饰折叠，整个裙装造型优美，具有强烈的设计感。

图 2-36 所示是一款创意类礼服折叠裙，用牛皮纸折叠，X 廓型，上衣采用直线折叠手法，下裙肥大、左右不对称，左下摆采用拉长的曲线飘带，腰部和裙子右下摆分别装饰不同造型的白色蝴蝶结作为设计元素作点缀。

图 2-37 所示是一款创意类礼服折叠裙，用牛皮纸井字型相交，呈发射状排列，使作品产生局部动感。

图 2-32　红蓝双层折叠裙

图 2-33　冷色双层折叠裙

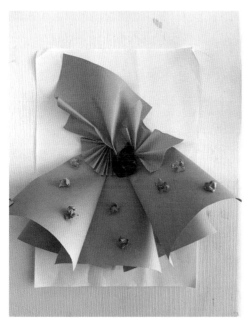

图 2-34　多层折叠礼服裙

图 2-35　多层暖色礼服裙

图 2-36　折纸直线型礼服裙

图 2-37　折纸井字型礼服裙

图 2-38、图 2-39 所示是采用彩色纸折叠而成的礼服裙，可以根据服装的造型把折叠小部件安放在服装的不同部位，呈现不同的造型效果。

图 2-40 所示是采用多层折叠组合而成的服装造型，左肩以大扇面折叠自然展开，上衬为蕾丝装饰，采用不对称方式。下裙腰间部件为直线折叠放射状，右腰间装饰有黑色流苏，裙身共有五层连续叠加。

图 2-41 所示是一款宝塔型礼服裙，前胸装饰有各类拼接部件，有折叠伞形、圆柱形、扇形装饰，整个裙子造型优美，具有强烈的设计感。

图 2-42 所示是一款采用多层折叠组合而成的服装造型，左肩以大扇面折叠自然展开，采用对称方式。腰间采用横丝缕直线折叠形式，产生雕塑感，与下裙的平面分割折叠形式产生平面与立体的对比效果。

图 2-43 所示是两个均采用直线折叠为主的裙型设计。一个裙型层层相叠如宝塔状，另一个裙型短小精悍，前胸左右装饰有两朵伞状装饰。

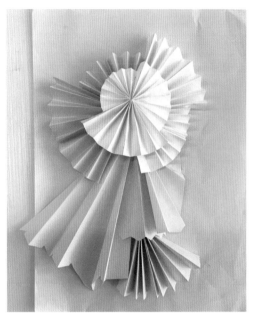

图 2-38　折纸扇状直线型礼服裙

图 2-39　折纸扇状组合礼服裙

图 2-40　多层折叠礼服裙

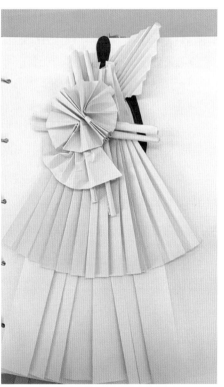

图 2-41　宝塔型礼服裙

图 2-42　多层折叠裙型　　　　　图 2-43　直线折叠裙型

图 2-44 所示是一款枣红色包装纸折叠的礼服拓展造型，采用立体折纸方式。

图 2-44　枣红色立体折纸礼服作品

先用报纸做裙子底部固定，再做外裙，腰部按 360° 折叠固定，再局部大折叠装饰在外围，按层次固定在裙摆腰间。腰部以上位置折叠各种大小扇子固定在人的脖颈周围，材质可以正反面交叉使用。

图 2-45 所示是一款钻蓝色包装纸折叠的礼服裙造型，采用立体折纸方式，共有三层，先用报纸做裙子底部固定，再做外裙，腰部按 360° 折叠固定，再局部大折叠装饰在外围，按层次固定在裙摆腰间。最外层部分采用局部折叠成各种大小的扇子形式，造型采用不对称方式大小错落有致。

图 2-45　钻蓝色包装纸折叠礼服裙

图 2-46 所示是一款暗红色包装纸折叠的礼服裙造型，裙摆呈发射状，参差不齐，错落有致，总体均衡，折叠纸在色彩的明度和彩度上产生对比效果。

图 2-47 所示是一款折纸 A 型礼服裙，中间收腰，下摆展开，从领下开始曲线折叠围绕一周，曲线优美。

图 2-48 所示是一款 S 型裙装作品，造型优美。采用湖蓝色包装纸正反面互相对比而成。裙装中间收腰，下摆剪成流苏展开，从领下开始各种蝴蝶花折叠围绕身体一周，曲线优美。

图 2-46 暗红色包装纸折叠礼服裙

图 2-47 折纸 A 型礼服裙

图 2-48 折纸 S 型礼服裙

图 2-49 所示是一款采用宝塔状造型的折纸礼服裙，裙型层层相叠，中间层采用金边装饰，上层裙摆与前胸下垂的裙子面料形成呼应。

图 2-50 所示是一款两层折叠的粉色裙子，与两袖折叠造型产生呼应。

图 2-51~ 图 2-60 所示为采用不同折纸造型的服装设计。

图 2-49 折纸宝塔状礼服裙

图 2-50 折纸粉色礼服裙

图 2-51 折纸礼服裙（1）

图 2-52 折纸礼服裙（2）

图 2-53　折纸礼服裙（3）

图 2-54　折纸礼服裙（4）

图 2-55　折纸礼服裙（5）

图 2-56 折纸汉服

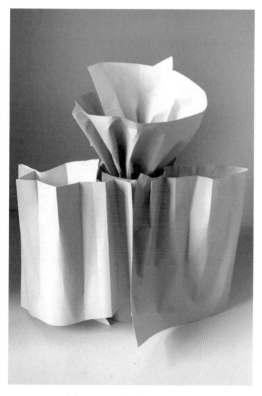

图 2-57 钴蓝色折纸汉服

图 2-58 土黄色折纸汉服

图 2-59　折叠礼服裙（1）　　　　　　图 2-60　折叠礼服裙（2）

2.2　仿生植物折叠造型

　　人类社会从古至今，都没有离开对大自然的模仿，仿生设计也由此而生。仿生设计不仅是一种模仿与借鉴的形式，更重要的是传达一种更深层次的内涵和意义。自然界也因此成为设计师取之不尽的灵感来源，这就是仿生设计的本质。

　　设计师在进行仿生折叠设计时，可以模仿和提取大自然各种动植物的主要特征，在设计中进行仿真和模拟，既可以对单个生物体形式细化模仿，也可以提取多个生物体形式进行模仿。随着设计不断深入，在模仿多个对象的过程中，既可以进行分组，也可以打散形式进行重组，进一步提高形式美感。

　　设计师在面料折叠创意设计过程中，需要掌握各类综合折叠造型的表现方法，全面了解面料折叠的艺术形式，根据面料折叠造型的特征，真正掌握面料折叠表现的形式美、造型美、色彩美、材质美。

　　仿生植物折叠技法通常采用仿花型折叠方式：在服装设计中，运用仿花卉设计极多，特别是在女装中使用广泛。仿植物花型设计被约翰·加里亚诺在高级时装设计中多次使用，在各大时装秀场中获得广泛好评。他的设计完美地借鉴了东方折纸元素，运用几何折叠方法完成新的服装结构，形成新颖独特的服装廓型。同时用仿生花朵折叠技术装饰细节，形成的视觉形象既优雅又生动，具有折叠艺术的立体美感，这是实现折纸和时装设计结合的成功案例。

仿花折叠造型一般有两种方式，一种是在服装上形成局部仿花折叠，即将花型在服装的某些部位使用而起到装饰效果，属于单体式立体折叠形态的整体运用。另一种是利用大面积仿花在衣片上直接折叠产生装饰效果，服装整体外轮廓造型夸张，空间感及立体感显得更加强烈，产生强大的视觉冲击力。

采用一块红色餐巾布折叠出玫瑰花造型。步骤一：采用360°环绕形式折叠出一朵玫瑰花，左右交叉折叠，使之圆润饱满（图2-61）。步骤二：扎结固定玫瑰花（图2-62）。步骤三：把折叠玫瑰花装饰在人台上（图2-63）。

图2-61 玫瑰花左右交叉折叠　　图2-62 扎结固定　　图2-63 玫瑰花装
　　　　　　　　　　　　　　　　　　玫瑰花　　　　饰在人台上

以餐巾布为例可以折叠各种植物造型，如马蹄莲（图2-64）、鸡冠花（图2-65）、双蕊花（图2-66）、仙人掌（图2-67）、一帆风顺（图2-68）、花团锦簇（图2-69）、玫瑰花（图2-70）、春蕾花（图2-71）、胡萝卜（图2-72）等。要注意折叠的形式语言，造型清晰，形象生动，以表现美感。

图2-64 马蹄莲　　　　　　图2-65 鸡冠花　　　　　　图2-66 双蕊花

图 2-67　仙人掌

图 2-68　一帆风顺

图 2-69　花团锦簇

图 2-70　玫瑰花

图 2-71　春蕾花

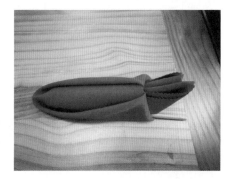

图 2-72　胡萝卜

　　用白色餐巾布折叠的各类仿生图案，如花卉、花鸟、扇子、一叶穿云（图 2-73）、枫叶（图 2-74）、富贵扇（图 2-75）、秋风送爽（图 2-76）、玫瑰花（图 2-77）等，由于色彩洁白、膨胀感好，体现面料肌理，让人产生干净和自然质朴的视觉美感。

图 2-73　一叶穿云

图 2-74　枫叶

图 2-75　富贵扇

图 2-76　秋风送爽（扇面）　　　　　　　　图 2-77　玫瑰花

图 2-78 所示为在黑白人台上折叠的一个大花朵造型，也可以把折叠花朵缩小，放置在黑白成衣作品的其他位置。选择合适的折纸、餐巾布或白坯布等材料，把这些仿生造型作为设计元素，按照设计需要应用在成衣作品中，满足服装创意设计从自然界获取设计资源的需求。

图 2-78　大花朵折叠造型

图 2-79 所示是服装品牌 Calcaterra 的一款仿生设计作品。在设计中把面料按

照波浪纹方法折叠成花朵，花心作为女性的身体，粉色的花朵绽放，体现女性的妩媚和活力。

图 2-80 所示是在服装上形成仿花局部折叠造型，将花型在服装的某些部位使用而产生简洁、休闲的装饰效果，属于单体式立体折叠形态的运用。本设计采用白色透明纱质面料作为吊带，用银灰色塔夫绸面料折叠成一个较大的蝴蝶结，款式外形从胸前不对称设计向下摆层层相叠，呈现渐变效果。

图 2-81 所示是仿花局部折叠设计。这款裙装具有美式浪漫、华丽的风格。花型体现在紧身礼服的腰部以下，后臀围处设计自然折叠的拖地裙摆，颈部以珍珠项链作装饰。款型设计收腰合体，从腰部向下造型渐宽，下摆处向内略微收紧，充分展示了女性流线型躯体的艺术美感。

图 2-79　Calcaterra 服装折叠　　　图 2-80　仿花局部折叠造型　　　图 2-81　仿花局部
　　　　　造型设计　　　　　　　　　　　　　　　　　　　　　　　　　折叠设计

图 2-82 所示是设计师纪梵希于 1961 年设计的晚礼服作品，整个作品上身部分贴身，外层为较大的丝绸褶皱造型，内层长裙设计较为贴身，两者产生比例之美、对比强烈的服装造型效果。在服饰上，搭配长手套及多层白色珍珠项链，使晚礼服充满精致优雅的感染力。

图 2-83 所示是设计师约翰·加里亚诺于 2008 年秋冬迪奥高级成衣作品。该作品延续华丽、夸张且优雅的风格，紫红色裙摆上绣满杂色大珠片，极富视觉冲击力。蝴蝶等设计元素被融合于仿花造型中，裙体造型加强了横向视觉。

图 2-84 所示是大面积仿花折叠中的局部仿花折叠，将蛋形立体仿生折叠装饰在头部。

图 2-85 所示是大面积仿花折叠在服装的局部使用，属于单体式立体折叠形态的整体运用。

图 2-82　仿花整体折叠设计（1）

图 2-83　仿花整体折叠设计（2）

图 2-84　大面积仿花折叠设计（1）

图 2-85　大面积仿花折叠设计（2）

2.3　仿生动物折叠造型

仿生动物折叠通常模仿自然界的动物形象，按照动物的外轮廓或形象特征，设计并运用到服装设计中。

用硬挺或可塑性纸质材料，通过有规则的折叠，使设计更加立体，有艺术感。可选择市场里现有的折叠材料进行设计与制作，充分发挥设计者的想象力，将纸质材料根据设计需求折叠成型。

模仿和提取大自然各种动物为主要特征制作折叠造型，如蝴蝶（图 2-86）、长尾欢鸟（图2-87）、大鹏展翅（图2-88）等。在面料折叠设计中进行仿真和模拟，对单个个体形式细化模仿。

图2-86　蝴蝶造型

　　图2-89所示是模仿蜥蜴整体外形特征设计的一款裙装，在创意礼服设计中显得特别传神，极大提高了服装的立体空间感及整体感。

　　图2-90所示是把飞鸟折叠造型设计植入成衣作品中，色彩与造型相呼应。

　　图2-91所示是服装品牌Carolina Herrera的仿生折叠作品，在紧身裤上装饰两朵黑色大蝴蝶结。

图2-87　长尾欢鸟造型　　图2-88　大鹏展翅造型

图2-89　蜥蜴造型　　　　图2-90　飞鸟造型　　　图2-91　Carolina Herrera 仿生设计（1）

图 2-92 所示是 Carolina Herrera 的另一款仿生折叠作品，款型短小，面料廓型感强，左肩部设计一个蝴蝶结，装饰在肩头，突破了裙装的单一造型，使设计风格有了新的诠释。

图 2-93 所示是服装品牌 Mohapatra 的一款仿蝴蝶折叠造型设计作品，将面料折成一个大蝴蝶，装饰在前胸位置。

图 2-94 所示是 Mohapatra 的另一款以蝴蝶为主题的仿生设计作品，将蝴蝶折成整件裙装，衣摆至少折成三折，上衣部分也各折成三个层次，左右对称交合在腰部最细处，腰摆以下交叉叠合，将蝴蝶造型融于整体折叠作品中。

 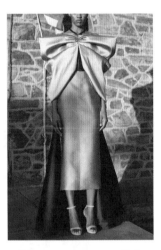 

图 2-92　Carolina Herrera　　图 2-93　Mohapatra 仿生　　图 2-94　Mohapatra 仿生
　　仿生设计（2）　　　　　　　设计（1）　　　　　　　　设计（2）

图 2-95　仿生设计作品

图 2-95 所示是将蝴蝶结装饰在背部的折叠设计。蝴蝶结下面有两个大飘带垂下来，与紧致的折叠方式形成鲜明的松紧对比效果。

图 2-96 所示是以龙为折叠设计元素创作的礼服。面料主要采用可塑造的真丝绸、鸡皮绒，手感柔软。

图 2-97 所示是一款模仿恐龙外形的服装设计，折叠造型充分体现在前胸和袖子部位。从正面造型看，像三层披肩，

面料为方格子图案。

图 2-96　仿龙造型折叠作品

图 2-97　仿恐龙外形折叠作品

2.4　直线折叠造型

直线折叠造型是利用面料直线折叠后的折痕塑造服装立体结构，如扇形折叠和手风琴式折叠形式。这种方式体现在很多设计师的作品中，如设计大师迪奥的作品、日本著名设计大师三宅一生的作品等。这种方式比较规则，既可以运用在服装的局部，也可以灵活运用在服装的整体设计中，是一种最常见的面料立体折叠方式。

直线折叠是面料折叠的基础设计方法。图 2-98、图 2-99 所示的设计可以选用 A4 打印纸进行直线折叠的各种练习。

图 2-100 所示作品中，按照直线方向将折叠部分截断，形成仿生芭蕉形式自然展开。

图 2-101 所示作品中，在布片一侧做几个省道，可以缝线或用大头针来加以固定。

图 2-98　直线折叠造型（1）　　图 2-99　直线折叠造型（2）　　图 2-100　直线折叠
造型（3）

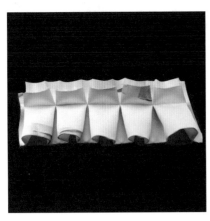 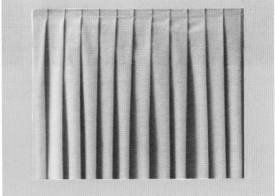

图 2-101　面料直线折叠

　　图 2-102 所示是一款直线折叠作品，折叠从腰间抽褶，裙片自然下垂，双层处理，呈现直线折叠的特殊效果。裙长以中长裙为主，外层裙长略短，内层裙长略长。本款礼服属于高雅风格的服装。衣身结构简单，上身单层有内衬，下层由一整块布料抽褶围合而成在腰间自然下垂形成褶皱。

　　图 2-103 所示是一款直线折叠作品，高腰设计，面料有质感、可塑性强，呈现多层折叠的特殊效果，类似手风琴的折叠造型。

　　图 2-104 所示是亚历山大·麦昆的设计作品，直线折叠在腰部及以下位置，通过褶裥（活褶）达到折叠效果，使端庄的制服产生活泼的动感。

图 2-102　直线折叠
设计（1）

图 2-103　直线折叠设计（2）

图 2-104　亚历山大·麦昆
设计作品（1）

图 2-105 所示是亚历山大·麦昆的设计作品，直线折叠在腰部及以下位置，腰部以下有三层折叠，从短到长，产生一定的节奏感。

图 2-106 所示是格蕾夫人于 1944 年设计的具有古典主义风格的晚礼服作品。因受古希腊、古罗马的建筑启发，这一时期服装均属披挂式、缠绕式折叠服装，即古希腊、古罗马披挂和抽褶形式被广泛运用于古典主义风格女装设计。格蕾夫人在礼服设计中常用无领结构，领口宽而深。肩部是设计表现的重点，运用面料褶裥、披挂或悬垂效果以单肩和吊带形式出现。一般衣身结构简单，以一整块布料抽褶围合而成，前中或后中敞开，露出内裙，在腰间自然下垂形成褶皱。裙长以中长裙为主，也可以长至脚踝甚至及地。

图 2-107 所示为一款直线折叠女装的典型案例，材质采用普通棉布，可塑性强。在设计中采用对称折

图 2-105　亚历山大·麦昆设计
作品（2）

图 2-106　古典主义风格
晚礼服

叠方式，腰部相叠并采用抽细褶方式。臀部整体裙身放松，产生蓬松感。

图 2-107　直线折叠作品（正背面）

2.5　曲线折叠造型

曲线折叠造型是面料折叠中常用的折叠方法。一般采用可塑性好、可拉伸的面料，可以塑造出曲线折痕的各种形状。如丝绸和针织面料塑造明显的弯曲折痕时效果较好，也可以采用 45° 斜丝面料塑造曲线折叠效果。曲线折叠容易塑造服装的各种造型，从而形成空间感和立体感。

图 2-108 所示是在面料折叠后产生一定的曲线弧度，通过曲线走向塑造大小不一的折叠形状，一般在礼服或衬衫等领子下方部位悬垂两个或两个以上曲线折叠造型。

图 2-109 所示是将每一条面料单线缝纫后抽线，使之产生一定的抽褶量，面料另一面自然形成波浪纹，再按需要进行平行或有弧度缝线。上述折叠面料造型都是有规则的波浪形，借助工艺手段采用抽褶的方式反复折叠，或多层次折叠等。

图 2-110 所示是把波浪纹按平行线等距安放，从而产生规则的波浪纹。

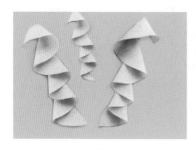

图 2-108　面料曲线折叠造型（1）　　图 2-109　面料曲线折叠　　图 2-110　面料曲线折叠
　　　　　　　　　　　　　　　　　　　　　　造型（2）　　　　　　　　　　造型（3）

图 2-111 所示是把波浪纹按裙形折叠后，层层叠加而成。

图 2-112 所示是采用旋涡状面料折叠形式，内里较紧，外面较松。把抽褶后的波浪纹按平行线进行繁复的折叠体现了波浪旋涡的立体效果。另外，可以把折叠面料进行组合，效果立体，层次清晰可见。

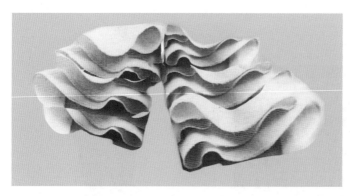

图 2-111　面料曲线折叠造型（4）　　　　　　　　图 2-112　旋涡状面料
　　　　　　　　　　　　　　　　　　　　　　　　　　　折叠造型

图 2-113 所示是把抽褶后的波浪纹按平行线在左肩打结，自然披挂下来，呈现发散状形式，适合运用较薄和滑爽的面料。

图 2-114 所示是服装品牌 Valentin Yudashkin 的一款曲线折叠作品，后背倒挂的折叠形式多层相叠，弯曲有度，形成一个大 U 型。

图 2-115 所示是国内服装设计大赛的一个折叠作品系列，面料较为单薄，层层相叠，弧线弯曲明显。每一款服装折叠效果明显，面料反光，科技感强，是曲线折叠优秀设计获奖作品。

图 2-113 发散状
面料折叠造型

图 2-114 Valentin
Yudashkin 折叠作品

图 2-115 曲线折叠系列作品

图 2-116 所示是设计大师迪奥的设计作品，属于面料曲线折叠设计造型。该款作品前后片长度不一致，从远处看，底摆产生较优美的曲线折叠弧度，凸显服装的立体感和空间感。该款裙装采用真丝图案面料，散发出浓厚的文化底蕴与异国风情。

图 2-117 所示是一款面料曲线折叠造型裙装，通过面料的反复折叠，内层呈现若隐若现的效果。

图 2-116 迪奥设计作品

图 2-117 曲线折叠裙装

图 2-118 所示是一款折叠裙装，折叠主要体现在胸部和臀部两侧，胸部采用花朵造型折叠一圈固定，下裙两侧各装饰造型相似的面料，左右折叠对称，后背采用丝缕相同的面料进行设计。

图 2-119 所示是一款折叠短裙，由两片红色方布折叠而成，在胸部做褶皱突出立体感，也是设计的中心点，左下摆处留了一个衩口，在行走时可产生若隐若现的律动感。

图 2-120 所示是一款突出肩部折叠形式的女装。左肩领型属于创意折叠设计，与左腰下的大折叠形成呼应。右肩折叠规则，按自然形状折出一个 U 字型领。

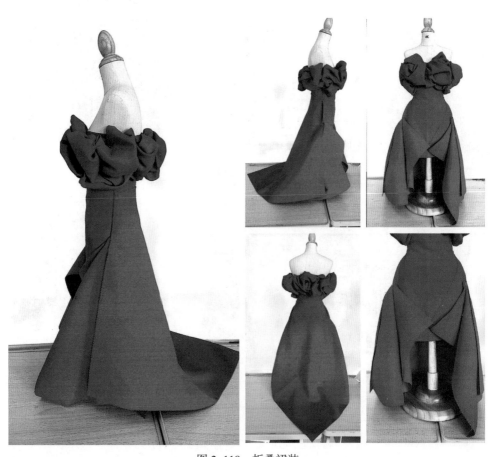

图 2-118 折叠裙装

图 2-119　折叠短裙（1）

图 2-120　折叠短裙（2）

2.6　抽褶叠布造型

缩缝抽褶是面料折叠造型的工艺手法之一。选用一块面料在上面用小针脚的手缝线缝出一定距离，然后把线抽紧，面料拉扯成各种闭合的褶，称为缩缝中的抽褶工艺。虽然抽褶产生的折痕比较偶然，却能使面料立体造型显得独特而富于趣味性。

图 2-121 所示是一款面料抽褶的立裁作品。具体表现在两个袖子部位，以及前左腰部位的抽褶及折叠的综合运用手法。造型立体感强，设计手法不拘一格，体现强烈的雕塑感和空间感。

图 2-122 所示是一件面料折叠再造后的设计作品，通过严谨的工艺手段，塑造出立体的细褶，通过缠绕、披挂，以及不对称的设计，体现抽褶造型的精湛工艺。

图 2-121　抽褶折叠造型（1）　　　　图 2-122　抽褶折叠造型（2）

叠布技法是将薄布剪成相同宽度的条状斜料，然后对折形成尖角形或双层三角形，再捏住几个布角盘绕出所需要的各种图案。同时，将这些布角层层叠压并用暗针缝牢。这种叠布工艺历史悠久，在我国黔东南地区的女性擅长运用此种工艺，在服装的上衣、袖口、衣襟处经常使用。

2.7　立体裁剪造型

面料折叠需要塑造出服装的立体造型，从工艺上讲，由于面料软硬不一，不容易塑型。因此必须依靠立体裁剪的手法，按照所设计服装的真实结构，将被折叠面料所产生立体造型的每一个面都展开，得到板型后再缝制固定在面料上，从而实现折叠的立体效果。

图 2-123 所示是一款面料折叠的立裁作品，采用风衣的结构造型进行折叠。面料折叠的花朵结构层次分明，体现凹凸感和雕塑感。图 2-124 所示是按照图 2-123 造型特点进行再设计，面料折叠采用集中和分散的设计原则，使作品更具有造型感。

图 2-123　立裁折叠作品（1）　　　　图 2-124　立裁折叠作品（2）

图 2-125 所示是一款采用紫色绒布面料进行立体裁剪设计的大衣作品。收腰设计，右腰部以下进行面料局部抽褶，产生折叠效果。背部直线折叠造型设计。左领部位局部小折叠设计。右肩装饰花朵，腰部装饰蝴蝶结，蝴蝶结下有"麻花

辫"造型设计，具有浓厚的民族风味。

图 2-125　立裁折叠作品（3）

图 2-126 所示是一款采用明黄色绒布面料进行立体裁剪设计的礼服裙作品。无领，裹胸处设计蝴蝶结，背部装隐形拉链。收腰设计，右腰部以下采用两片直线折叠造型衣片，左右分开，走动时能产生动感，后腰部以下为垂直裙片，腰部设计一圈细褶。

图 2-126　立裁折叠作品（4）

图 2-127 所示是一款采用明红色绒布面料进行立体裁剪设计的礼服裙作品。收腰设计，背部折叠造型为类似雕塑质感的拖地长摆。

图 2-127　立裁折叠作品（5）

🧠 思考与任务

1. 用折纸折叠枫叶、一叶穿云等造型，大小为 10cm×10cm。

2. 用折纸折叠满天星、百合、蝴蝶、水母等造型，大小为 10cm×10cm。

3. 用白坯布折叠女装创意设计作品两款。

4. 用有色布折叠女装创意设计作品两款。

5. 用面料折叠方式折出动物作品两款，如蝴蝶、蜻蜓、孔雀等。

6. 用白坯布折叠两款不同廓型的直线折叠成衣作品。

7. 用曲线折叠方法，在小人台上折叠出两款对称的女装作品，要求廓型上有所变化。

8. 采用面料折叠中的叠布技法设计两款女装。

9. 采用缩缝抽褶工艺技法设计一款女装。

10. 根据主题设计折叠女装内衣系列作品两款。

11. 根据主题设计折叠女装风衣系列作品三款。

12. 根据主题设计折叠女装礼服系列作品两款。

任务 3　面料折叠手法在服装中的应用

3.1　面料折叠在中式服装中的应用

中式服装是带有明显的中国传统元素、平面结构裁剪方法或服饰风格等服装的总称。

在中国传统服装中，拼接折叠造型十分普遍，将不同的面料以一定的规则和手法拼接在一起，从而形成全新的艺术视觉效果，特别是不同面料色彩的镶拼手法，常见于领子、袖子、前襟、裤腰、裤脚等。如挽袖运用绣工、镶拼、铺陈等手法由袖管拼接至袖口。不同面料拼接也有左右两襟的异色拼接、百家衣拼接、领袖拼接、衣服下摆底边拼接等。另外，帽子、腰带、披风等都有不同形式的拼接手法。

关于面料立体折叠的中式服装，古已有之。在中国古代西汉时期，女性穿着褶纹裙被称为"留仙裙"，它的裙身与百褶裙相似，裙摆显得更加宽大，由于裙上大量面料立体折叠而形成的褶痕如清风吹皱整个湖面而随步飘动，与同时期中国道教推崇清瘦灵动之美的审美意趣有异曲同工之妙。在《乐府诗集》中出现的汉代民歌名篇《陌上桑》，非常细腻地描述了女主人公穿着襦裙的曼妙身姿。

折褶成裙的情况在隋唐时期进一步演变为"百叠千褶"，裙幅慢慢地增至六幅或八幅，甚至增加到十二幅。到了明代，恢复周、汉、唐、宋四朝的服饰制度并做了调整，仍然保留了上衣和下裙之间的基本样式，考虑适于女子行走等情况，下裙逐渐变成普通褶裙和马面褶裙。清初在改服异冠时规定"男从女不从"，为褶裙样式在民间的流传留有空间，清中后期出现了上穿补服下穿马面裙的穿着及搭配方式。

在中式服装中应用较多的工艺手法有透叠、堆积、刺绣、印染、拼贴、减法处理、剪切拼接、组合处理、钩织编结、综合运用等。

图 3-1 所示是用布料直接在人台上造型，将抽褶的工艺手法用于中式服装上，表现塑形塑体效果。

图 3-1　中式服装褶皱作品

3.2　面料折叠在西式服装中的应用

西式服装是与中式服装相对而言分类的，泛指从西方国家传入的服装品类，如西装、夹克、猎装等。

在西式服装中，面料层层叠加形成立体形态的手法称为立体层叠法。立体层叠法常见于春夏系列轻薄面料的女装设计中，主要强调和凸显女性的柔美气息和繁复奢华的效果。

图 3-2 所示为服装品牌 MARSACHE 2020 年新一季婚纱设计，呈现出一种立体化趋势，强调体积感的装饰和立体轮廓造型。在装饰手法上将精湛考究的装饰工艺发挥到极致，彩丝刺绣、水晶刺绣羽毛、珠钻等元素碰撞出梦幻的效果，在

视觉上极具吸引力。图 3-3 所示是一款立体层叠法设计作品，多层次蕾丝面料叠加在一起，使作品更加唯美。

图 3-2　MARSACHE 2020 年婚纱设计作品　　　　图 3-3　立体层叠法设计作品

西方历史早期的服装属于宽袍大袖时代。古埃及的衣着以面料缠绕折叠而成。古希腊服装则是通过面料披挂在身上固定后，形成优美的垂悬衣褶。到了 13 世纪，西方的裙装从平面结构转变为立体结构，褶皱成为塑造服装结构的方法，使服装在人体穿着时更能体现造型美感。

16 世纪，随着西方装饰风格的进一步发展，服装进入全面装饰化时期，裙摆由裙笼和衬裙一起支撑向两边散开，裙上覆盖层叠的褶皱花边。17 世纪，巴洛克时期到来，服装的显著特点就是在各部位满缝褶皱，形成层叠的华丽效果。

18 世纪的洛可可时期，造型夸张，设计手法造作，细节精巧烦琐。到了 21 世纪，很多设计师将洛可可时期的折叠风格运用在服装设计上。

历史资料显示，在 20 世纪，诸多设计师在面料折叠的服装设计道路上探索，包括巴伦夏加、三宅一生等大师。

从国外的折叠设计研究来看，与东方差异很大，如西方服装设计造型侧重立体形制，而东方服装侧重于平面造型。从西方历史来看，西方造型艺术注重对空间感、立体感效果的处理和研究。在服装上，用面料折叠手法实现空间立体形态，如西班牙风时代的拉夫领，就是用面料折叠的方式实现领子的立体化。

🧠 思考与任务

1.根据面料折叠方法设计一款中式服装。

2.根据面料折叠方法设计一款西式服装。

项目二
面料折叠在女装中的设计分析

通过面料创意折叠设计在女装中的直观分析，使设计者能直观地从服装整体形态中感知和学习面料折叠的创意设计。从面料折叠整体款式设计分析中获得服装整体造型结构知识，可以更好地研究服装整体廓型与人体体型的匹配关系，并通过面料创意折叠设计规避人体缺陷，起到美化体型的作用。

任务 4　面料折叠整体款式设计分析

4.1　面料折叠整体设计构思

在形态感知过程中通常会有"整体意向优先"原则，这一原则有三个含义：视觉前期所感知的形态是整体的而不是局部的；它发生在视觉感知形态的最早阶段；它比后续的注意力专注阶段具有优先性。从形态感知学可知，"整体"是人的视觉第一反应的结果，那么在服装面料折叠过程中，服装所呈现的整体设计效果对人的视觉产生第一吸引力并起到优先作用。在此基础上，人们才进入其他局部视觉活动中。因此，从面料折叠整体款式设计来分析立体折叠形态的运用有助于立体折叠造型的研究。

4.2　设计实例

以下四款服装都是法国时尚设计大师迪奥的经典作品。

图 4-1 所示是一款中长款礼服裙，采用无领形式，前胸不对称交叉设计。腰部点缀布纹纽扣，与裙摆形成松紧对比，属于整体款式设计中的直线折叠。

图 4-2 所示是一款无领收腰礼服，采用绸缎面料，裙摆自然下垂、略蓬，与胸腰部的松紧产生强烈对比，属于整体款式设计

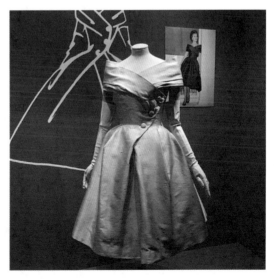

图 4-1　迪奥直线折叠作品（1）

中的直线折叠。

图 4-3 所示礼服采用前胸折叠手法，属于整体款式造型设计，腰部紧身设计与宽松裙摆形成松紧对比。图 4-4 所示礼服采用无领形式，前胸对称交叉设计，简洁大气。两款均属于整体款式设计中的曲线折叠。

图 4-2　迪奥直线折叠作品（2）

图 4-3　迪奥曲线折叠作品（1）

图 4-4　迪奥曲线折叠作品（2）

🧠 思考与任务

对迪奥经典作品进行分析，能区别出直线折叠设计与曲线折叠设计。

任务 5　面料折叠局部款式设计分析

5.1　面料折叠局部设计构思

在服装整体造型中，服装面料立体折叠造型起到局部装饰作用，具有画龙点睛的艺术效果。在设计时，一般把装饰点放置在边缘装饰、背部装饰和胸部装饰中，边缘装饰主要集中于服装门襟、衣领、底摆等具体部位，胸部装饰和背部装饰能使服装整体外观造型明确，几种设计因素互相协调，能达到突出人体美的目的。服装局部装饰在服装造型设计中起到装饰、强调和弥补的设计用途。

在分析成衣作品的立体折叠形态在服装造型中的综合运用时，可以在整体造型的基础上进行局部款式设计分析。首先从整体角度，如服装的廓型、风格，以及色调等，再根据服装设计的三要素原则，进行局部造型设计分析。

5.2　设计案例

图 5-1 所示是一款创意折叠礼服裙，肩部造型夸张，像一个拱门装，体现洛可可设计风格，在制作上采用材料折叠方式，抽褶松紧有度，外缘部分舒展。裙摆部分分为三层，层层相叠，蓬松有度，与上身礼服裙产生动静对比。臀下部装饰两朵向日葵，中黄亮色，整体暖色裙装产生富丽优雅的视觉效果。

图 5-1　创意折叠礼服裙

图 5-2 所示是一款创意折叠风衣，整体 X 廓型，夸张肩部造型，犹如拱门形状，与图 5-1 在造型上有异曲同工之妙，是女装创意设计中面料折叠设计与应用的典型手法。

图 5-2　创意折叠风衣

🧠 思考与任务

对服装作品进行分析，能够理解局部造型与整体造型的关系。

项目三

面料折叠在女装中的运用实例

　　面料折叠塑造的立体形态可以是一个单独的立体造型，也可以是将多个单体造型进行穿插组合，从而形成新的组合式立体折叠服装结构造型。不同面料立体折叠形态的组合会产生不同的视觉效果，并使服装的整体感与立体感得到很大程度的提高。

任务 6　面料折叠单体设计手法运用

6.1　面料折叠单体设计构思

在创意女装设计构思及制作过程中，可以把作品折叠成一个单独的立体造型进行展示，从而更好地突出单体设计手法在女装中的运用。

6.2　设计实例

图 6-1、图 6-2 所示是仿生设计的立体造型折叠作品，选用纯白色优质棉布面料，纺锤形的服装廓型，灵感来自海螺。

图 6-1　仿生折叠裙正面　　　　　　　　图 6-2　仿生折叠裙侧面

制作过程：将可塑性棉布进行充分的曲线折叠，层层相叠，直至腰间结束。外围叠合，整个连绵不断，使设计创意充分体现出来。

思考与任务

用白坯布制作两款面料折叠单体女装设计款式。

任务 7　面料折叠多层次设计手法运用

7.1　面料折叠多层次设计构思

面料折叠多层次造型设计手法是国内外设计师经常采用的折叠方法。与单体女装设计相比，多层次折叠方式让作品更有魅力。多层次折叠设计作品充满动感和节奏感，从而体现创意服装的无穷魅力。

整体造型确定后，在不同的设计部位按需要采用面料多层次叠加的设计手法，常用于女装礼服，特别是婚纱，体现传统礼服柔美的风格，同时更能体现礼服的层叠之美、独特之美。

7.2　设计实例

图 7-1、图 7-2 所示是亚历山大·麦昆设计作品，在款式上采用鱼尾形。在

图 7-1　亚历山大·麦昆设计作品正面

图 7-2　亚历山大·麦昆设计作品背面

整体造型上用面料叠加技法，选用白色纱织面料制作，属于一种多层次面料折叠形式。主要折叠部位在前左肩部和腰部以下、后背右肩和右侧，多层折叠，富有动感。此款服装采用刺绣图案，具有典雅的风格特色，体现层叠之美。

🧠 思考与任务

用白坯布制作两款面料折叠多层次女装设计款式。

任务8　面料折叠组合设计手法运用

8.1　面料折叠组合设计构思

通过面料折叠组合进行设计构思，并运用面料立体折叠手法塑造各种创意立体形态，最终完成组合式造型。在构思中，把时装折叠成多个单独的立体造型，再将多个单独的立体造型穿插组合，便会形成一个新的服装造型结构。组合式服装立体折叠形式是服装创新设计的一种表现方法。

8.2　设计实例

图 8-1 所示作品选用真丝绡等透明可塑性材料，在前胸和下裙部位折叠，充分采用组合式服装立体折叠形式。图 8-2 所示作品从构成角度来看，该款服装将

图 8-1　组合式立体折叠形式（1）

图 8-2　组合式立体折叠形式（2）

胸部、臀部、肩部等部位使用多种材料及造型组合的多层叠加方法，充分展现了
服装的美感。

图 8-3 所示作品材料均选用白坯布，作品采用组合式服装立体折叠形式，分
别在后领、前胸、腰部以下位置做组合式折叠形式设计。

图 8-3 组合式立体折叠形式（3）

🧠 思考与任务

用白坯布设计两款面料折叠组合女装款式。

项目四

创意服装设计作品实例分析
——以时装画作品为例

　　服装设计师进行创意服装设计采用时装绘画的形式，并通过时装设计单品或系列作品的方式体现出来，常采用手绘和电脑绘画两种方式。

　　在创意服装设计作品的表现过程中，首先，要求掌握时装画作品表现的构图形式、人物组合技法、款式色彩、面料材质等之间的关系，以及时装画的各种艺术表现手法。其次，再确定服装廓型及系列服装的设计风格。最后，将想要表达的设计元素在时装画作品中进行叠加和创新。

任务 9　创意服装设计

9.1　创意服装设计构思

首先，了解"创意服装设计"是基于人们对服装新款式的渴望而产生的，所以创造性思维的培养成为创意服装设计的重要课题。也因此，提高原创设计能力和动手能力成为当务之急。

其次，要明确创意服装设计与日常服装设计的区别和联系，进一步明确创意服装设计与历史、现实、文化、宗教、未来、科技之间的关系。通过对大师服装、传统服装、过时服装及异国服装的研究，最终创造出新的服装面貌。

9.2　时装画技法

在进行创意服装系列设计前，首先需掌握时装画技法，了解人体的基本比例、动态、结构，掌握服装的各种表现方法，掌握色彩的基本知识和图案造型设计技能，培养装饰艺术和审美艺术，掌握服装的廓型，能够利用服装廓型进行创意服装的风格变化。同时能在实际服装设计中结合流行趋势灵活运用，丰富和提升服装设计的造型与表达能力，体现设计者的设计和表现的综合能力。

掌握以绘画为基本手段，以技法、材料及绘画形式充分表现人和服装的关系的方法，掌握表现服装整体造型的艺术形式，使之在时装设计中起到衔接设计师与打板师、工艺师以及消费者的桥梁作用。时装画是时装设计的基础，是设计师表达时装设计构思的必要方式。

9.3　设计实例

图 9-1 所示作品属于手绘创意女裙装，采用大红色闪光面料，肩部折叠像扇子

样展开，造型夸张而富有装饰感。这是整体款式中进行局部变化设计的典型案例。

图 9-2 所示是手绘创意女裙装作品，在图 9-1 基础上进行局部设计拓展，把肩部设计变成宽肩造型，袖子设计成马腿袖，增加了古典韵味。

图 9-1　局部折叠系列设计（1）

图 9-2　局部折叠系列设计（2）

　　图 9-3、图 9-4 所示是创意长款女裙装，面料为薄质透明丝绸，采用折叠手法。裙摆部位采用多层次折叠并展开，领子部位装饰有古典风格曲线折叠，袖子部位采用马蹄形状，两袖在袖口折叠效果明显。

　　图 9-5 所示是一款古典风格的女裙装，采用银色薄质丝绸面料折叠手法。图 9-6 是在图 9-5 的基础上对女裙装风格进行变化，主要体现在胸腰部装饰，灵感源于古典雕塑的图案纹样，使作品更有文化魅力。

图9-3　折叠女裙装设计（1）

图9-4　折叠女裙装设计（2）

图9-5　古典风格局部折叠设计（1）

图9-6　古典风格局部折叠设计（2）

图 9-7 所示是采用银色薄质丝绸面料的女裙装，下裙裙摆折叠，像展开的荷叶，与衣摆呼应。图 9-8 是在图 9-7 基础上采用折叠夸张手法，裙摆大幅展开，大曲线折叠效果明显。

 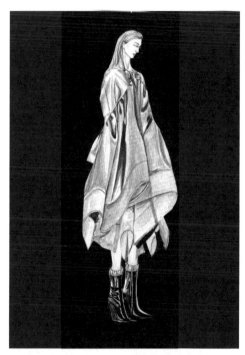

图 9-7　局部折叠女裙装设计（1）　　　　图 9-8　局部折叠女裙装设计（2）

图 9-9 所示是一款礼服裙，采用白色优质丝绸面料，裙摆折叠大小不一，左裙裙摆自然收口。图 9-10 是在图 9-9 基础上增加裙长，改变袖口造型变化。这两款裙装中，左右肩部造型的局部变化都是创新设计。如果在图案上进行大小变化或采用贴绣以及面料再造等手法，会使作品呈现别样效果。

图 9-11、图 9-12 所示是两款古典风格作品，采用不同的服装廓型。图 9-11 体现曲线折叠的造型特征，图 9-12 体现直线折叠的造型特征。

图 9-13 所示是一款整体折叠女裙装，采用明黄色仿丝绸面料，裙摆造型略微夸张，但色彩亮丽耀眼，体现青春女性昂扬的生活气息。图 9-14 所示的女裙装裙摆造型夸张，款式具有曲线折叠的明显特征。

图 9-15、图 9-16 所示是两款低胸女裙装设计，采用青莲色丝绸面料，长裙及地，采用大折叠裙摆，随风飘动，青莲色裹胸部分采用多层折叠造型。

　　图 9-17 所示的设计采用淡紫色细纱罗曼面料，折叠后容易成型，产生一种特殊的肌理效果，类似日本三宅一生的时装设计作品，犹如"移动的雕塑"。

　　图 9-18 所示的设计采用丝绸面料，款式上紧下松，裙型左右平衡，整体造型有面料曲线折叠的效果特征。

图 9-9　整体折叠女裙装设计（1）　　　　图 9-10　整体折叠女裙装设计（2）

图 9-11　整体折叠女裙装廓型变化设计（1）　图 9-12　整体折叠女裙装廓型变化设计（2）

图 9-13　整体折叠女裙装系列设计（1）　　图 9-14　整体折叠女裙装系列设计（2）

图 9-15　整体折叠女裙装系列设计（3）　　图 9-16　整体折叠女裙装系列设计（4）

图 9-17　整体折叠女裙装系列设计（5）　图 9-18　整体折叠女裙装系列设计（6）

图 9-19 所示是设计师的手稿，以罗曼蒂克风格为主题的系列服装创意设计与拓展，先确定服装廓型为 X 型，收腰，裙摆拉长，采用裙摆多层次叠加，或两侧折叠叠加的形式，元素上还采用圆点设计在裙子局部点缀。

图 9-20 所示是设计师的手稿，整体廓型确定后进行局部折叠设计，主要集中于前胸和袖子部位。廓型上有 X 型、倒梯型等。

图 9-19　罗曼蒂克风格创意服装系列设计

图 9-20　职业风格女套装系列设计

　　图 9-21 所示是两款设计师手稿，采用仿生设计，以自然界的芭蕉叶作为灵感元素，在廓型上进行变化和拓展设计。

　　图 9-22 所示是两款设计师手稿，采用岩石的造型为设计元素，廓型上采用椭圆形和矩形。

　　图 9-23 所示是采用松柏廓型的设计作品，在服装的工艺制作上采用填充法、扎结法等手段，以加强立体造型。

图 9-21　芭蕉叶系列仿生折叠设计　　　　图 9-22　岩石系列仿生折叠设计

图 9-23 松柏系列仿生折叠设计

项目五

创意服装系列设计实例分析
——以毕业设计作品为例

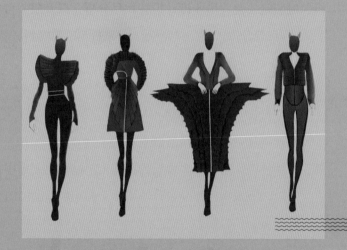

　　创意服装系列设计是一个完整的设计过程，即从设计者最初市场调研开始，到系列作品设计稿的形成，再到板型修改和样衣制作，直到最终的创意系列作品呈现。一个完整的毕业设计作品系列需要完成大量繁杂的工作，包括款式廓型的修改整理、折叠面料的设计重塑、色彩搭配的协调统一，以及系列作品完整的情绪表达等。

任务 10　创意服装系列设计

10.1　创意服装系列设计构思

在进行创意服装设计时，必须掌握创意设计的概念和方法，通过国际时装大师设计折叠作品分析、国内十佳服装设计师作品分析、国内设计大赛折叠作品分析、时装院校优秀毕业设计折叠作品分析，以及服装市场调研，掌握流行市场第一手资料，通过时尚资讯电视报刊等掌握第二手资料，从而掌握创意设计的过程。

10.2　服装系列设计

毕业设计主题：《防御》。

毕业设计系列作品拓展要求：一系列 8 款，制作 5 款。面料采用黑色涂层面料，可塑性强，易折叠。本系列服装工艺制作主要采用折叠手法加工完成。

首先，完成系列作品设计效果图（图 10-1、图 10-2）。

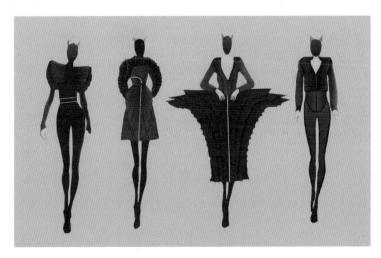

图 10-1　系列作品效果图

图 10-2　系列作品实例效果图

其次，解决系列作品在完成过程中的各种问题。

收集问题：如何采用黑色涂层面料让两侧腰部折叠造型完成夸张膨大的效果；如何采用黑色涂层面料与黑色网格纱布进行叠合制作等。

解决方法：把设计的折叠造型用折纸的方法制作出来，如肩头折叠造型、肩部至胸前造型、两侧腰部造型等。

10.3　设计实例

图 10-3 所示的成衣款式主要集中在两个肩部的夸张设计，折叠造型类似拉夫领。自肩部展开，至腋下慢慢缩短，环绕整个肩部一周，为了使肩部造型膨胀展开，根据肩部设计造型，在黑色涂层面料自然翻折后，用网格纱垫衬一圈。两肩部折叠面料都选用黑色涂层面料，造型饱满，层叠效果较好。

连裤装面料选用 PU 皮，在制作上可采用肩部二次黑色涂层面料的折叠方法，两层叠加，再经过多层次翻折。先做样衣，并进行多次试验，最终达到多层复合叠加的立体效果。

图 10-3　毕业设计作品实例（1）

　　图 10-4 所示的成衣作品采用黑色涂层面料，在设计上采用多层次的折叠方式。前胸部位大折叠翻领，采用不对称的手法。翻领在右胸多层次自然翻折后，自然延至前立领部位，翻折线呈现优美弧度，使作品产生一种不均衡的特殊效果。前后衣片如芭蕉叶自然展开，略呈弧度，自然披挂在 A 字裙上面。大翻折领以下部分全部对称，使作品不均衡中又产生整体均衡的造型美效果。

图 10-4　毕业设计作品实例（2）

利用黑色薄面料的特性，采用双层叠合，并进行均匀折叠。多层次折叠方式可以使折叠后的双层黑色涂层面料更加硬挺，根据需要，在黏合衬的双层黑色涂层布里面，再用黑色细镂空网格纱叠合缝制，在折叠时更加立体有型。

本款设计较为新颖，从两手臂袖口至领子部位，均采用立体折叠廓型，在工艺制作时，均衡折叠使之产生多层次立体折叠的特殊效果。

图 10-5 所示为裙装设计，材料选用黑色涂层面料与黑色银丝面料拼合。

图 10-5 毕业设计作品实例（3）

　　首先用立体裁剪方法制作一件黑色银丝面料紧身上衣，以公主线为分割线，黑色效果明显。上衣金色拉链从 V 字领延续到腰部以下。其次在腰部两侧采用对称蓬起折叠方法，用黑色涂层面料折叠成自然圆形，用黑色细镂空网格纱把圆弧造型衬蓬起来。因为需要产生向两侧蓬起的特殊效果，在外层圆弧造型衬蓬起来后，在这层立体折叠造型的下面进行第二层折叠，方法如上，从而产生多层复合叠加的特殊立体效果。最后把设计重点放在腰部和后臀部位，从腰部两侧开始，把蓬大夸张的叠加造型自腰部向下迅速缩减宽度，让下摆黑色涂层皮裙外显。强烈的视觉对比效果产生强烈的造型美。黑色涂层面料和黑色银丝面料的色泽对比较为柔和，产生了一定的色彩美和材质美。

　　图 10-6 所示为上下装设计，上衣为黑色纱质面料，下身为紧身裤。该设计

图 10-6　毕业设计作品实例（4）

立体造型主要体现在前胸部位，制作一个可以穿脱的圆弧形立体折叠造型，采用叠加方法，按照一定顺序和宽度，用双层黑色涂层面料叠合并用硬纱撑叠，侧面叠合效果呈现椭圆形。

图 10-7 所示设计作品材料为纱织面料和涂层皮质面料，在制作上，面料折

图 10-7　毕业设计作品实例（5）

叠过程直接在人台上展开，为多层次折叠造型。

领子采用 V 字领结构，一层黑色涂层布、一层镂空网格纱，因为折叠而产生自然蓬起效果。领子覆盖在衬裙上，衬裙由前后四片组成，每片先把黑色涂层布与镂空网格纱叠合，用大头针暂时固定，缝合前中线和后中线，再缝合左右肩缝。最后把已叠合的 V 字领造型，披挂在左右肩缝上进行缝合。为了防止左右腋下折叠造型由于分量重而垂下来，将侧缝用黑色网格材料自腋下至下摆直接缝合在前后衣片上，起到自然牵拉作用，更好地保持该款服装的立体折叠廓型。

完成以上五款折叠毕业设计作品的制作过程是连续的。充分运用面料折叠的多样性手法使面料立体折叠形式具有多样性。同时，不同的面料折叠手法可以创造出不同的面料立体折叠形态。这就需要在制作过程中不断深入研究分析上述系列折叠作品，避免折叠手法单一导致折叠效果不佳。

在创作过程中，首先要注重折叠面料色彩美的把握。如本系列成衣选用黑色面料，作品显得压抑沉闷，而采用面料的折叠技巧使系列作品显得较为轻松和富有动感。其次要注重折叠面料造型的美感，多个款式都采用多层次卷折的手法进行工艺制作，更好地体现了多层次折叠的效果。最后要将折叠形态在设计作品中穿插使用，并连续折叠出有规律的层次感，能够塑造出富有变化的层次美感。

通过对面料进行立体折叠形态的不同组合方式，能产生服装新的立体形态的变化。在设计过程中，一方面采用将系列服装作品结构立体形态群体组合，另一方面也可以将立体造型进行分解再造，改变设计作品的原本造型，再与女装本身的结构相结合，可产生出新的服装款式结构，从而进一步改变服装款式中单调的对称布局，形成一种新颖的服装结构形式。

参考文献

［1］王晓威.顶级品牌服装设计解读［M］.上海：东华大学出版社，2010.

［2］陈彬.时装设计风格［M］.上海：东华大学出版社，2009.

［3］张绡，韩兰.服装创意设计［M］.北京：中国纺织出版社，2015.